U0003693

smile 055　寵物原來如此　作者：諶家強　繪圖：李瑾倫　責任編輯：李惠貞　美術編輯：李瑾倫、何萍萍
法律顧問：全理法律事務所董安丹律師　出版者：大塊文化出版股份有限公司　台北市105南京東路四段25號11樓
讀者服務專線：0800-006689　TEL：(02)87123898　FAX：（02）87123897
郵撥帳號：18955675　戶名：大塊文化出版股份有限公司　www.locuspublishing.com　版權所有　翻印必究

總經銷：大和書報圖書股份有限公司 地址：台北縣三重市大智路139號　TEL：（02）29818089（代表號）
FAX：（02）29883028 29813049　製版：瑞豐實業股份有限公司
初版一刷：2003年9月　初版二刷：2011年1月
定價：新台幣250元　Printed in Taiwan

寵物 原來如此

That's How We Love Them

諶家強　著

李瑾倫　繪圖

寵物
原來如此

寵物
原來如此

前言

快樂養寵物

謀家強

　　我一直深信，喜歡動物的小孩不會變壞。

　　在每個人的成長歲月中，幾乎或多或少都曾經飼養過寵物；有些人有幸，在正確引導下，擁有與寵物相處的美好生活；有些人不幸，因飼養失當，留下了傷心遺憾的回憶。緣起緣滅，經常決定於一念之間；幸與不幸，雖然不能強求，卻可以操之於人。

　　在長達十五年的動物醫療工作中，我發現，學齡前的孩子們喜歡親近小動物，幾乎是共通的特性。然而動物不會說人類的語言，不能明確的表達喜怒哀樂，非得我們細心觀察，才能了解牠的需求、發現問題所在。因此，喜歡動物是一回事，豢養動物又是另一回事。

　　倘若父母師長能從旁灌輸與動物互動的正確觀念，並以按部就班的方式，引導孩子經由觀察、撫摸、平等對待，進而了解寵物的生理習性和特殊的肢體語言，孩子們必定能從中獲得許多意想不到的樂趣，也學會尊重生命。

　　本書是我多年來在報章雜誌上教孩子養寵物的文章集結，針對平時生活在我們周遭常見的小動物──狗、貓、兔子、黃金鼠……等，提醒大家最容易疏忽犯錯的地方。

　　由於每一種動物都有異於人類的生理習性和生活方式，如果不先了解而隨性飼養，以人類的觀點來對待牠，往往還沒嚐到樂趣，就釀成無

法挽回的遺憾。很多孩子因此傷心難過，日後對動物敬而遠之，實在非常可惜！

另一方面，飼養寵物仍有許多潛在變因，並非我們所能掌控，就算儘可能面面俱到，還是會有意外損失。因此，在具備相關知識的同時，我們也應教導孩子體認生命的無常。

自然界動物的生命力，都有其韌性，因為在適者生存的自然法則下，牠們早已訓練出一套求生存的本能。我們其實並不需要太操心，只要本著一顆善良的心，在不干擾其自然生活習性的原則之下，便能與之和諧相處。只是，寵物一旦養尊處優地生活在精心佈置的安樂園中，少了環伺的競爭者和天敵，便會逐漸喪失原有的求生本性，若不能妥善照顧，很容易生病或意外受傷。

因此，要快樂地養寵物，必須先建立生命無價的觀念。決定養寵物之前，先學習有關寵物的必要知識，是負責任的態度，也是美好經驗的保障。

本書也許不能算是一本資料詳盡內容豐富的工具書，不過卻期望能循序漸進地引導學齡前孩童，乃至家裡有寵物的成人讀者，都能因此更了解自己的寵物，並且防患於未然地減低染上擾人的人畜共通傳染病。讓每個人家裡的寵物，都是活潑可愛又健康長壽的寵物寶貝。

9   8   7

6   5   4   3   2

1

狗吃草可治病？

擔任獸醫多年，常遇上一些深信狗生病會自動尋找草藥的主人，直到狗的病情惡化、奄奄一息時，才百思不解的送來醫院治療。

其實狗只吃一種長葉草的幼芽部分，其他圓葉草則不予理會。因為狗嗜吃骨頭，常堆積在胃內不容易消化，造成慢性胃病，想吐又吐不出來，所以藉由吃入長草中的植物纖維，來刺激胃壁肌肉造成痙攣，使碎骨或不消化的食物和長草一併吐出，達到自療效果。

狗吃草，僅能針對胃不適症，並非各種疾病都有效。若病症輕微，大都採用動物原始本能的瑜珈姿勢，讓患部自動充血，以增強免疫系統的功能，使病症因而減輕或痊癒，但是對於傳染性的重病，則須藥物治療。

不要再迷信狗生病會自尋草藥的錯誤觀念。有病醫病，才是讓牠延年益壽的不二法門。

2

愛牠就不要常抱牠

每當走在路上或在公共場所，看到有人用單手抱著小狗遛達閒逛，心裡都替小狗捏了一把冷汗。

在我診療骨折的患犬當中，以從主人身上不慎跌落地面的情形最多。運氣不好時，甚至有頭部先著地，造成頸椎骨折或顱內出血而當場斃命的情形。

狗的平衡感先天就很差，不但有嚴重的懼高症，而且只要稍有顛簸，就會暈頭轉向、唾液直流。所以狗習慣在平地上活動，一旦被主人抱起，常會不知所措地四腳緊抓著衣物不放。

而且狗一旦抱習慣，日後只要出門在外，絕不肯自己走路。並且，這種長期依偎在主人身旁撒嬌的狗，平時只要一有動靜，就會立刻嚇得藏頭縮尾；倘若有輕微不適，也會裝出如臨大病般的疲憊拒食，反而加重病情。

此外，有的狗主人還會讓愛犬和自己同床共寢，結果，在不自覺中吸入了狗兒掉落的細毛，導致慢性氣管炎。

為了人和狗雙方面的健康著想，彼此實應保持適當的距離才是。

3

狗亂叫有原因

一位太太抱著一隻嘴毛泛白、眼底呈現銀白鈣化的雜種黃毛犬來應診。

「醫師，我的狗最近半個月半夜裡經常莫名其妙地叫個不停，附近鄰居已來函警告。究竟牠是得了什麼怪病？」狗主人憂心地問。

「平常都餵牠吃些什麼？」我翻開狗的唇蓋，看見佈滿牙結石的牙齒，料想可能挑食只吃肉類。問過主人之後，我的推測得到了證實。

經過仔細的觸診和聽診，除了心臟有些雜音以外，並沒有發現任何不適症狀。於是我建議主人，最好能抽血檢查該犬的臟器功能，尤其是血鈣值。

果然，血鈣值明顯偏低，但並非是什麼不治之病。我告訴狗主人：「狗和人類的生理功能一樣，一旦過了中年期，如果沒有供應適量的鈣質，就容易造成骨質疏鬆。若是副甲狀腺隨之老化，更會因而引發低血鈣症候群，造成神經敏感、失眠、焦躁不安，所以才會不自主的吠叫。」

「可是牠早已習慣吃肉類食物，不吃飼料，

吃骨頭又會嘔吐，怎麼辦？」

「如果不能由食物中直接供應取得，仍有許
多含豐富鈣質的保健營養食品，適口性都不錯。
只要鈣磷能維持平衡，症狀便不會再復發。」

並不是只有剛換到新環境的小狗才會神經
質地亂吠的。了解狗狗亂叫的真正原因，才能給
牠和周遭的人安適的生活品質。

4

小狗中暑莫大意

狗全身覆蓋體毛卻缺乏汗腺，所以一到夏天就會張口吐舌、懶洋洋地躲到陰涼處散熱。除非是人為因素，否則中暑機率微乎其微。

狗會中暑，大都有跡可循：體形肥胖；深色毛或整片毛打結；被關在密不通風處或在太陽底下曝曬；籠飼而飼主忘記給水⋯⋯等。

狗中暑的症狀非常明顯：張口急喘，舌頭伸長而倒捲，喉嚨發出低而粗的喘息聲，仰頭瞑目，就快沒氣似的。

萬一狗兒中暑，提供四點降溫急救步驟：

1.小型狗放進水槽中，大型狗則拉水管至身邊，用自來水不斷由頸後向身體沖水。

2.將頭微抬，保持氣道通暢，防止水流沖進口中，也避免任其直接舔水。

3.喘息趨緩，已能閉口呼吸時，即刻關水擦乾，以防繼續失溫休克。但不能用吹風機吹乾，以防體溫再度攀升。

4.用浴巾包裹全身，不要耽誤送醫時間。

如果中暑降溫後未能進一步醫療處理，由於體內電解質和內分泌失常，會有生命危險。

5
不要急著給幼犬洗澡

幼犬進門，飼主常會忙著幫牠們洗澡潔毛，其實大可不必。因為，剛來的第一周是關鍵期，幼犬的抵抗力會明顯下降，一動不如一靜。

幼犬進門的第一天除了要到醫院作健康檢查和除蟲之外，最重要的，是為牠準備一個溫暖的小天地。不滿兩個月月齡的幼犬，照料上尤需費心。

1.儘量花時間逗牠玩。

2.小窩裡放個布偶，讓牠感覺有伴相陪。

3.半夜不要將幼犬置於空無一人的暗室中，也不要放在無防風措施的陽台。

4.臨睡前，吃頓豐盛的消夜，防止半夜飢餓討食。

千萬得注意，不要讓小狗睡在人的懷中或床上，一旦養成習慣，想要再讓牠重回狗窩，絕對是難上加難。

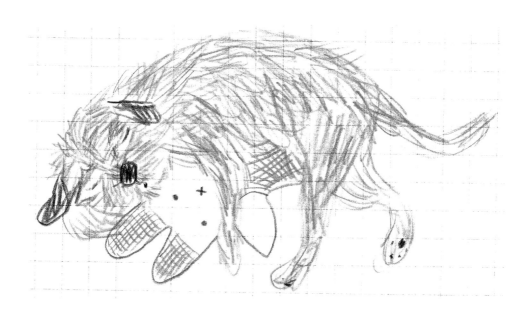

6
寵物洗澡注意保暖

小動物體積小，散發出來的體味極為有限，除非是大量繁殖，否則只要勤換糞尿槽，應不致影響居家環境的空氣品質。

倘若寵物衛生習慣不好，毛髮不慎沾上糞尿，非得以洗澡方式除去，必須遵循以下三點：

1.選擇柔性洗毛精，以溫水小心沖洗，避免耳眼進水，必要時先以耳棉塞住耳朵，洗淨後點眼藥水。

2.洗澡地點，最好能選擇不透風的浴室進行，以免沖水過程中遭到風寒。

3.洗完澡後，在最短時間內，儘快將小動物擦乾吹乾，務必等到內外溫度一致，才將其抱出浴室。

不論寵物有多乾淨，都要養成摸完後洗手的習慣。切忌和寵物親嘴，尤其是嚙齒類動物，避免不幸咬傷。

7

選購寵物洗毛精
依毛質、體質判斷

犬貓身上無汗腺，皮膚酸鹼度和人類不同，若用人的洗髮精來梳洗，容易傷及皮膚和毛質。不過，寵物的專用洗毛精種類繁多，該如何選購？我以從事臨床獸醫多年的經驗，提供一些相關的資訊，供各位讀者參考。

首先，要知道寵物的毛質是油性或水性。沙皮犬、鬥牛犬、洛威拿犬等，皮內油脂厚、腺體多而體味重，是油性毛質，適合用脫脂性強的除臭洗毛精；長毛且毛質柔細，如馬爾濟斯犬、可卡犬、波斯貓等，適合用洗潔加潤絲系列的產品，避免毛髮纏繞打結而不易梳理；四個月以下的幼犬，皮膚尚未受到賀爾蒙的保護，抵抗力較弱，則宜採用無刺激性的幼犬洗毛精。

其次是考慮較為專業的處方類洗毛精。這類洗毛精有：專門對付因跳蚤引起尾根背脊部紅疹脫毛現象的除蚤洗毛精；因潮濕致使全身性真菌感染而搔癢潰爛的藥用抗黴洗毛精；表皮層粗糙、多鱗狀皮屑和容易掉毛的狗兒適用的蘆薈護膚洗毛精；如欲維持數日特殊芳香，腺體少的犬貓可以採用長效性香水洗毛精，腺體厚的犬貓則不適用。

有時寵物有脫毛現象，並非洗毛精不適惹的禍，而是和內分泌系統不協調有關。如果因暑熱而剃毛的寵物，毛髮遲遲不再長出來，或生長稀疏緩慢，則可能是甲狀腺功能不足的緣故。

經過避孕手術的犬貓，身體逐漸有雙側性脫毛的情形，這是性腺賀爾蒙不足的徵兆。

每逢春秋兩季，寵物大都會自動換毛，此時雖然掉毛情形嚴重，但是其身上並無毛少的現象。勤梳理，是縮短換毛期的不二法門。

為了維護寵物毛髮的健康亮麗，在選購洗毛精之前，最好能先了解寵物的體質和毛質，再諮詢相關專業人員，才不會盲目地採買而白費許多冤枉錢。

8
除毛球要小心

　　有一身柔順毛髮的狗貓，如果平時不勤於梳理，極易纏繞打結，尤其在春秋換毛季節。

　　毛打結的壞處很多，一來外觀不雅，二來洗滌時洗毛精不易沖洗乾淨，繼而容易造成過敏而衍生皮膚病。倘若又感染到體外寄生蟲，無異是雪上加霜。

　　由於狗貓的皮膚彈性極佳，當有毛球時，儘可能不要以用剪刀捏起毛球的方式剪除。一般除毛球的方式，依毛球大小可歸納為以下三種：

　　1.只有小指節般大的毛球，可用一手抓緊毛根，一手平梳，以和皮膚垂直的方向梳開，減少直接拉扯的疼痛。

　　2.已經結成拇指般大的毛球，可以先用剪刀尖端水平穿過毛結根部，將毛球拉開，一一劃為小結後再梳開。

　　3.萬一大到手掌般的大小，必須以剪刀剪除時，切記刀面要和皮膚貼平，不能有任何角度，小區域逐次剪除，防止意外發生。

9
轉彎以下部份放心剪

　　狗若長期養在室內或籠舍，由於缺乏粗糙地面來磨短趾甲，容易長得太長而折斷出血或滑倒扭傷。若不知其趾甲中血管長度而隨便修剪，必會造成流血不止。

　　其實狗的趾甲中，血管皆和腳趾呈水平成長，轉彎以下的部分，則是角質化無神經血管的組織，可以放心剪除。

10
要懂得正確止血

　　幫寵物剪趾甲，若不慎剪到趾動脈而血流不止，不必過於慌張，但是要懂得如何正確的止血。

　　狗貓可以先用棉花直接壓迫趾端止血三至五分鐘，然後再以膠帶連同棉花緊緊纏繞住腳掌全部，一天後自行拆除即可，不需另外塗藥。

　　禽類一旦剪傷腳趾，可以用燃香輕烙患處一兩回，便能立刻止血，也不會影響其抓握。倘若不清楚寵物趾甲內血管的走向，不妨先請教動物醫師，切勿自作主張任意下刀。

11
狗爬樓梯
小心扭傷腰

　　公寓裡養的狗，由於關在屋內一整天，一有機會可以外出，勢必興奮異常，又叫又跳。只要一開大門，總是一馬當先地往樓下衝。待解放完，又一溜煙地跑回樓上。

　　但是一旦狗兒鈣質缺乏，形成佝僂症或骨質疏鬆症時，腰部在強力推動牽引下，很容易造成椎間盤突起，壓迫到脊椎神經索。

　　最常見到的臨床症狀是突發性拱背、後肢無力，觸壓背部有明顯疼痛，尾巴下垂不搖擺。

　　其次是容易引起慢性腎衰竭和泌尿道結石。由於習慣性憋尿和自制性少飲水，倘若食物中鹽分過高，無形中加重腎臟的負荷，也會增加尿中結晶物質的機會。

　　要防止以上的疾病發生，應盡可能訓練狗兒在家中養成定點大小便的習慣，平日餵食營養均衡的乾狗糧，少吃高磷低鈣和過鹹的食物。此外，帶狗上下樓梯時，一定要記得繫上拉帶，避免三步併兩步時扭傷腰。

12
小心狗兒跳樓

偶爾會有狗兒不慎墜樓身亡的案例。

一般住在公寓式住宅的飼主，習慣把狗關在陽台或頂樓，任其自由活動不受拘束。在狗兒好動本性的驅使下，難保不會發生跳樓的意外。

狗比人類更珍惜性命，不會動不動就鬧自殺，大都是天性好玩，喜歡追求其他小動物，如麻雀、野貓。加上天賦的強健的後腿肌肉，就算有房門般高的圍牆，也難阻擋其旺盛的企圖心。

其次是在發情期，尤其是雄狗，當牠們嗅到散布在空氣中的雌性荷爾蒙時，常會情不自禁的奪門而出。在有門出不得的情況下，可能就會縱身躍牆而過，因而發生意外。

既然要餵養寵物，就有義務維護牠們的生命安全。在沒有其他場所而又捨不得割愛時，不妨狠下心來，為牠加條繩索，有限度的控制行動範圍，以免屆時傷心難過又自責。

13

短毛狗才需要穿衣

在台灣這種溼度高的秋冬季節中，是否該為狗寶貝穿上密不通風的衣服禦寒？

一般而言，體小、短毛又瘦弱的品種，沒有豐厚的毛髮覆蓋保暖，也缺乏足夠的皮下脂肪禦寒，所以是需要抗寒的衣服保暖的。至於其他長毛品種，其實沒什麼必要。

短毛狗衣既是以禦寒為主，質料就很重要，不妨選擇有彈性功能的毛線套頭衣服。

其他注意事項還有：

1.不要脫脫穿穿，避免感冒。

2.準備兩三件替換，切記先黏去細毛後再清洗。

3.每天至少脫兩次衣服讓狗兒透透氣，順便梳理體毛。

4.罹患皮癬症時，必須保持通風乾燥，不宜穿衣。

14
會叫的狗也會咬人

一般人都相信狗是人類最忠實的朋友，因此一直存在著謬誤的觀念，以為家犬不會攻擊主人，會叫的狗不會咬人。

其實狗和人類一樣，都是有血性的動物，亦存在著喜怒哀樂的情緒反應，一旦遭受刺激，即便是狗主人也難逃波及。一般說來，比較凶悍容易激動的狗，多為以下幾類：

1.長鼻種的狗，鼻樑較短，肉質豐滿，額頭寬厚眼睛又小，舌上有黑色舌斑者，較易脾氣暴躁。

2.進食時低著頭狼吞虎嚥，遇有其他動物靠近，立即齜牙咧嘴吼叫示威者。

3.門外稍有動靜就狂吠不止，喝令阻止無效，鞭打時反咬所持物不放者。

4.會衝出門外，追逐過往車輛，一路猛叫，四處隨便排尿，擴充勢力範圍者。

此外，春、秋兩季繁殖期，在荷爾蒙的作祟下，性情特別不穩定，尤其是慣以肉食為主的雄性大狗。家中如有有幼齡兒童，為了安全起見，最好不要單獨和狗共處一室，或者直接觸摸玩耍。

15

雞骨頭不宜餵狗

　　雞翅、鳳爪、雞腿之類禽類的骨頭，最好避免餵給狗吃，以免狗兒胃腸潰瘍。

　　由於禽類的骨頭呈中空狀，極易咬斷，而狗吃骨頭又常狼吞虎嚥，容易傷及腸胃。

　　若要餵食，宜避免細長又尖銳的禽骨和魚骨，肥短而小塊的豬腳蹄骨和尾骨也不宜，會刺傷消化道或堵塞食道和胃腸通道。

41

16

**餵食多寡
依月齡而定**

　　一般人常以爲不論大狗小狗，一天只需早晚餵食一餐即可，其實不然。

　　比較合理而正確的餵食次數，和狗兒的月齡息息相關。

　　一到三個月的仔犬，一天得餵四餐；三到六個月，可改吃三餐；六個月以上，發育逐漸減緩，每日兩餐已足夠。

17
觀察寵物排泄物
了解寵物食品優劣

　　寵物食品，尤其是飼料、罐頭類，在陳列的櫥窗架上，經常擺設得琳瑯滿目，讓人目不暇給。究竟應選擇哪一種品牌，常令寵物家族傷透腦筋。

　　其實各種食品的品質優劣，只要觀察寵物食用後排泄物的多寡，就可以區分出來。

　　一般選購飼料食品時，除了要考慮價位的問題之外，還得考慮飼料本身的嗜口性、吸收率和排泄量。

　　品質好的飼料，嗜口性佳，寵物比較不會挑食；吸收率好，也就不容易常感到飢餓；相對的排泄量也較少、較無糞臭味。然而這類飼料通常價格也比較昂貴。

　　反之劣質的飼料，大都添加過多的鹽，使寵物食後大量飲水，容易造成眼壓過高。並由於其採用食用油的品質比較差，不容易吸收且容易酸敗，所以食用後排泄量多且惡臭味重。寵物不但會挑食，甚至會拒食。

罐頭食品方面，也有良莠之分。純肉罐頭，肉色鮮紅而無香料味，屬於品質優良的產品。較劣質的罐頭，則內容物多為下雜肉和動物內臟，色澤較為灰暗，有獨特的腥味，因此常會添加香料，吃完後狗狗的排泄物惡臭無比。

　　為了寵物的健康，在購買寵物食品時，最好能選擇中上價位的產品。

18
看摸聞
診斷寵物是否健康

在我執業的經驗當中，經常遇到一些飼主，為了買到一隻不健康的寵物而懊惱不已。對於如何選購一隻健康的寵物，站在較為專業的觀點，我建議可以從視覺、觸覺和嗅覺三方面來觀察。

在視覺上，要精神飽滿、活力充沛、眼珠轉動快速；毛色要富光澤而豐滿，沒有團塊結球，也無坑洞狀掉毛；用手逆毛撥動時，毛根沒有黑色砂粒狀的跳蚤糞便；眼角無任何分泌物附著且無淚痕；耳內乾淨清潔，無褐色或黑色分泌物淤塞。

另外，整個鼻頭必須濕潤而有光澤，不能有白色或黃色分泌物沾黏；肛門四周的毛髮不可沾有糞便或其他不明物體。

若肚子圓滾滾而四肢瘦弱，可能有嚴重的蛔蟲感染。若腰圍小於頭圍，肋骨和脊椎骨顯而易見，表示有慢性疾病或寄生蟲症，造成營養不良。

　　在觸覺上，可以用手掌由頭部順著毛髮輕輕撫摸到尾巴，這當中都不應有疙瘩狀突起；四肢輕微牽引，不會有明顯痛楚感。正常情形下，應摸不到肋骨和脊椎骨。

　　在嗅覺上，口腔內無腐敗或發酵味，表示牙齒和消化道正常；耳內無惡臭味，表示尚未感染到耳疾；身上毛髮無明顯體臭味，表示皮膚腺體分泌正常，且無皮膚病。

　　如果這一番檢查之後還是不放心，最好能在購買當天，帶到獸醫院，由醫師仔細檢查一遍，將更安全可靠。

19
愛牠請小心

　　某個星期天，我帶全家大小登山踏青，沿途潔淨清幽的登山步道，不時傳來白頭翁和五色鳥美妙的合奏聲，令人忘卻平日的浮躁與疲累。

　　一步一腳印地來到一處涼亭，此時已有一家人在亭內佇足休息，旁邊還有一隻剪成短毛的瑪爾濟斯犬，只見牠不時用後腳抓著耳朵，似乎很癢的樣子。

　　「早啊！帶狗出來爬山？」我向那家人打招呼。「是呀！早晨天氣好，帶家人上山運動一下，小狗也跟著來湊熱鬧。」男主人微笑著回答。這時小狗甩了一下頭，熱情的搖著尾巴，朝我跑過來。我彎下腰，順勢摸摸小狗的頭，並習慣性地翻看一下牠搔癢的耳朵。

　　「我是位獸醫師，你家的小狗感染到會傳染給人類的疥癬蟲，在沒有治好之前，最好不要和牠摟摟抱抱。」我將小狗身上的皮膚病告知主人。

「真的嗎？我的小女兒每天都和牠睡覺，難怪最近身上總是莫名其妙的出小疹子，癢得不得了，原來是被狗傳染的。」男主人說完要小女兒過來，讓我看看她手臂上的紅疹。

　　「沒錯！這就是被疥癬蟲感染的皮膚疹。不過別擔心，這種蟲無法在人體內存活，只要不再接觸，兩個星期內便會自行康復。」我簡單地說明這種寄生蟲的感染途徑、治療方法和預防之道，這家人聚精會神地聽著。幸虧今天找到了原因，否則小女孩還不知道要受多少罪呢！

　　才停留十分鐘，汗溼的Ｔ恤已略有寒意，既然該說明的都已說了，我們便和這家人揮手道別。此時的心情特別快樂，因為能適時地幫助愛動物的小朋友，是此行最大的收穫。奉勸所有的寵物主人——終歸一句話：愛牠，也要注意自己的安全！

20
貓狗黑眼圈
和品種有關

黑眼圈就是俗稱的「淚痕」，就生理上而言，與品種的類別有關。瑪爾濟斯犬、貴賓犬等，先天性淚管狹窄，容易堵塞；短鼻犬的巴哥犬、西施犬、北京犬……，淚管彎曲度大，也容易造成淤塞。這兩種類型的犬種，平時只要多點眼藥水，按摩淚管，便可改善流淚情形。

就病理學上而言，眼壓過高、壓迫到淚孔，造成淚水無法順利由淚管流到鼻孔，是一個原因；另外，當耳內感染耳疥癬蟲或真菌性耳炎時，淚水也會特別充沛，溢出眼眶，造成毛色污染。要減低眼壓，就得少吃鹽分食物，並控制適量飲水。對於疾病造成的耳炎，只要正確的治療，痊癒後自然能減少流淚現象。

至於用稀釋的雙氧水來擦拭淚痕，我則較持保留態度。因為雙氧水對皮膚和角膜均有殺傷力，不如用百分之二的硼酸水來擦拭，比較安全可靠。如果真正原因沒有排除，光吃四環素等消炎藥，吃再久也於事無補的。

21
讓貓咪吃專屬飼料

一位短髮女孩費力地提著一只貓籠來應診。「不知是不是大便不通，牠已連續三天都蹲在沙盤上，力量使不下來。」

於是我左手扶著貓背，右手探入腹部下方觸診──好結實的一顆像蘋果般大的膀胱，用手指施力擠壓，只見由尿道排出幾滴血尿。

「貓咪吐了沒有？」我問。

「已經好幾天沒進食了，從昨天起，就一直吐得很厲害。」女孩回答。

「我幫牠檢驗一下腎功能，如果已經腎衰竭，就不要再執意治療，考慮安樂死，減輕牠的痛苦，好嗎？」

在幫貓咪抽血檢驗時，我問女孩：「是不是都餵牠人吃的飯菜？」女孩點點頭。

「貓咪的泌尿系統和人類不同，尤其是公貓，由於尿道非常狹窄，尿中的離子結晶物質很容易造成堵塞。吃貓咪專屬的飼料和罐頭，才能預防類似情形發生。」

我接著說：「貓咪每天都會用舌頭努力地清潔全身的毛髮，因此會吃進許多的細毛，容易刺激胃壁肌肉而嘔吐，或進入腸道造成堵塞，所

以每星期要固定餵食一至兩次的化毛膏，幫助胃腸內的雜毛順利排出。也要注意食物中含的植物纖維，防止便祕。」

　　檢驗報告出來，這隻貓咪的尿素氮和肌酸酐都已經超過臨界上限，打完過量的麻醉藥之後，傷心的寵物主人只能看著貓咪平靜安詳地離開人間。

22
貓咪耳朵癢

一個國中女孩抱著一隻淚眼汪汪的貓咪前來，要求治療眼疾。

經過詳細檢查之後，我告訴她：「貓咪患有結膜炎。這是因為外耳道感染到耳疥癬蟲，在用前肢搔癢時，不慎感染了眼睛。」

為使其了解，我進一步說明：「耳疥癬蟲是一種只生存於耳內的寄生蟲，犬貓屬於同一種，肉眼不易見，會經由接觸傳染。當和來路不明的貓咪群聚玩耍，或用不潔的掏耳器械清耳道時，都很容易被感染。」

「怎麼知道是否感染到耳疥癬蟲呢？」女孩問。

「正常情況下，貓咪耳內無色且無氣味。一旦出現黑褐色帶有特殊臭味的耳垢，大都已染上耳疥癬蟲。」

「我常抱著牠睡覺，會不會傳染給我？」女孩緊張起來。

「放心！耳疥癬蟲有畜主專一性，不會感染人類。不過貓咪身上佈滿細毛，若不慎吸入呼吸道內也不好。所以，最好還是不要抱著牠睡。」

23
都是水蛭搞的鬼

「醫生啊！麻煩你仔細的檢查一下，爲什麼我家的大花貓，最近幾個月來一直猛打噴嚏，鼻血流個不停？看過附近幾家醫院，都說是鼻子過敏，打針吃藥也無法斷根……」近午時分，有位操著本省口音的五十多歲歐巴桑，提著一只塑膠提籃，一進門就霹靂啪啦地埋怨著。

新店市燕子湖……當我看到婦人的住址時，心中大概有了譜，那是靠近山邊溪流的一個繁華小鎮，四周環山圍繞，山明水秀，常是遊客假日驅車前往尋幽訪勝的好去處。依當地人的習慣，多半是讓寵物飲用由山壁滲出的山泉水，曾經也有飼主送來醫治感染到水蛭的小土狗，情形類似花貓流鼻血的現象。

「平時你都給貓咪喝什麼樣的水？」雖然尚未檢查，但是很可能問題就出在這裡。

「我也沒有關牠，平常都在屋裡屋外自由走動，想去哪裡就去哪裡，我怎麼知道牠喝什麼水？」婦人理直氣壯反將我一軍，好像我問錯了問題。不過也算是側面回答了，答案是「不可能會準備乾淨的水給花貓喝」。

「那你家附近有沒有山泉水或者是溪水？」爲了想進一步了解貓咪的生活環境，我繼續問道。

「有啊！我們那裡的風景可是一級棒的！對了，這和貓咪流鼻血有什麼關係？你能不能趕快幫貓檢查一下，究竟是怎麼一回事，好讓我趕回家煮飯。」婦人看我只顧著發問而不幫花貓檢查，有點不耐煩地希望我能立刻對症下藥。

　　「好吧！我就檢查一下，你先把貓咪捉出來，要捉緊，不要放手！」我之所以這樣交代，是因為大多數貓咪都比較神經質，一旦放出籠子，就會緊張地四處亂竄，甚至會抓傷主人。話才說完，婦人立刻熟練地打開籃門，雙手將花貓抱出來放在診療檯上，然後穩穩地輕壓住貓身，讓牠不得動彈。

　　此時的大花貓，急促地自喉嚨裡發出警戒的粗厲聲，緊縮著身體，瞪著兩顆又大又圓的藍眼睛，緊盯著我不放，另一方面卻膽怯地躲在提籃邊一動也不動，恐怕是在其他醫院打針打怕了，正在做脫逃打算。

　　為了安全起見，我先不動聲色的和花貓保持著一段安全距離，唯恐一個不小心就臉手掛彩。突然，我看到花貓的右邊鼻孔下方，露出一小截約零點一公分的黑色蠕動物體。這下子可讓我逮個正著，事態瞬間明朗。

「你的貓咪鼻腔中有隻吸血水蛭，捉出來就沒事了。」我鬆了一口氣說。

「你都還沒有檢查，怎麼會知道？」婦人半信半疑地問道。

「你注意看貓咪的右邊鼻孔，下方那個會動的黑色東西就是了。」隨後我引導婦人察看水蛭的位置。

「啊！那個會動的就是水蛭喔！怎麼那麼小？」婦人終於相信我的話了。

「那只是尾端的一小截而已，真正的身長，應該有二到三公分。等一下捉出來，會讓你嚇一跳。」我信心十足地笑著說。

由於花貓不合作，無法直接由鼻腔注入局部麻醉藥，只好先以大毛巾裹住花貓，施以全身麻醉，然後才將0.5～1.0cc的麻醉藥灌入鼻腔，最後使用長鑷將滑溜溜的水蛭夾出，整個過程不到三分鐘。用尺一量，這隻水蛭足足有三公分的長度，放在彎盆裡，身體還會緩慢地前後伸縮蠕動。站在一旁觀看的婦人，看得瞠目結舌，應該是心服口服了。

24
小心寵物造成的傷害

　　一些野外的動植物，是否對人體有害？該如何照顧而不至於因為疏忽而使自己受傷？

　　由於貓咪是弓蟲原蟲的最終宿主，為不顯性感染，無任何症狀，病原體由糞便排出。人類經常在無意間被感染，尤其是幼小的孩子，如不常洗手，會經口感染。急性時，會有高燒、呼吸困難、下痢、癲癇等症狀，有生命危險。孕婦感染的話，則會造成流產、死產或產下先天性感染症狀的胎兒，是可怕的疾病。

　　其次是「貓抓熱」。貓咪的指甲，有如一把利剪，其內藏汙納垢，必須定期修剪。如果不慎被抓傷，而未立即治療，患部不但會紅腫疼痛，甚至侵犯血液，引起全身性發熱的臨床症狀，不可不慎。

　　只要不要對來歷不明的貓咪過於熱情，並經常請教專業人員，按期除蟲、施打預防針，還是可以擁有一隻活潑健康又可愛的貓，也不至於造成自己或家人無謂的傷害。

25
除蚤用藥要小心

　　一位婦人焦急地用浴巾抱來一隻全身抽搐、口吐白沫的小瑪爾濟斯犬。一上診療台，濃厚的藥水味，立刻撲鼻而來。

　　「妳用藥水幫牠除跳蚤嗎？」我先用溫水將小狗身上的藥水洗淨，再注射阿托品解毒劑，掛上點滴放入保溫箱中輸液治療。

　　「對啊！牠身上跳蚤實在太多，聽鄰居介紹，用一種泡水呈白色乳狀的藥水很有效，沒想到發生這種狀況。」婦人難過自責的回答。

　　「那種藥應該是露藤精乳劑，雖然對跳蚤類體外寄生蟲頗為有效，但是毒性太強，一般只適用於大型犬，而且得完全沖洗乾淨。」

　　我告訴她，除了要定期做好環境消毒之外，也要杜絕感染源。例如避免野貓、老鼠的造訪；遛狗時，減少到草叢中逗留的機會；同時儘量和來路不明的狗兄弟保持距離。

　　至於寵物身上的預防，有一種使用一次可維持兩個月藥效的噴劑，只對跳蚤、壁蝨有百分之百的毒性，對脊椎動物則完全無害，可以安心使用。

26
養兔子學問真不少

早上送老大上學，無意間看見班上的小朋友們，正圍在一個籠子前，有人用手指敲打著籠子，企圖引起籠中小白兔的注意，有人用鉛筆伸入籠內觸碰逗弄著兔子身體，不時發出嬉笑聲。

「咦！你們怎麼在欺負小白兔？」我見白兔緊縮在籠內角落上顫抖著，無助地閤起雙眼喘氣，立刻出言阻止。

「沒有啦！我們只是覺得小白兔好可愛，想和牠玩一下，可是牠都不賞臉，一直蹲著不動。」小男生一臉稚氣地轉過頭來說明原委，企圖澄清自己剛才的舉動。

小孩子難免因為好奇心的驅使而有失序的表現，我並不責怪他們。但為了讓他們懂得尊重生命，我想利用上班前的時間，來一次機會教育！

我向前提起桌上兔籠端詳片刻，面色凝重的問周圍小朋友說：「小白兔是不是一直都關在籠裏？」「嗯！」一位長髮披肩的小女生，可能是兔子的小主人，湊上前來點頭回答。

「這樣繼續養下去，恐怕很快會夭折哦！」說完，我將籠子放回桌上，順手拉了張小椅子坐在桌前。小朋友立刻親熱地圍攏過來，興致勃勃想聽我進一步的說明。

「兔子雖然是草食動物，但是如果不能供應足夠的含水蔬菜，很容易導致脫水失溫抽筋，最後休克死亡。所以平時需要準備一瓶乾淨的冷開水，補充食物中含水量的不足。」話才說完，身後立即傳來一位小男生抗議的聲音：「兔子不能喝水吧！上星期我也在寵物店買了一隻白兔，就是不聽老闆的話而給牠水喝，結果隔天就拉肚子死掉了啊！」

我回過頭來，看他一臉理直氣壯的表情，我解釋道：「你養的兔子，很可能是不小心喝到骯髒的水，或是吃到腐爛的菜葉，才會引起急性腸炎拉肚子死亡。」停頓了一下，看他半信半疑的神情，我進一步說明：「兔子本身非常愛乾淨，如同小貓咪一樣，每天會用舌頭按時梳理自己的毛髮。同時兔子也是很怕熱的動物，在酷熱的夏季時，會將整個前腳浸在水中散熱，自然污染水質。所以最好選用瓶裝的自動飲水器，讓兔子以嘴碰觸飲水。此外，兔子並不會自動淘汰爛葉，如果餵食的蔬菜不能在十五分鐘內吃完，就該取出，避免牠吃了腐爛蔬菜而拉肚子。」

「喔！原來如此。叔叔，是不是所有的植物都能餵兔子吃呢？」坐在身旁胖嘟嘟的男生，口中還嚼著早餐帶來的漢堡，提出他最感興趣的問題。

「那可不一定喲！由市場買回來的蔬菜，多半有農藥殘留，一定得先沖洗浸泡後擦乾，才能放心餵食。根莖類蔬菜含水量多，容易腐爛，所以要刨去外皮，以切斷或切塊的方式，分次餵食。至於有些含毒植物，如夾竹桃、大花蔓陀羅、聖誕紅等葉片及含有除草劑的雜草，千萬不能貿然摘取供應。」

「哇！怎麼這麼麻煩！有沒有比較簡單的方法？」對桌有位感冒鼻塞的小男生，帶著濃濃的鼻音，突然打岔問道。

「當然有啊！只要是五穀雜糧，都可以全粒餵食，但是要新鮮，不能受潮發霉喲！還有，兔子專屬的條狀乾飼料，也是不錯的選擇。」我繼續補充說：「兔子若只餵牠吃草，不要忘記還要準備一個鹽罐和一塊墊底的小鐵皮，任其舔鹽和吃回夜間排放出來富含綜合維他命的糞便。」

「什麼？兔子要吃大便？」這句話立刻引起小朋友的高度關切，紛紛擠向前來想一探究竟。

「植物中缺乏鹽分，所以草食動物必須設法取得大自然中的鹽來維持體液滲透壓的平衡，準備鹽罐的道理在此。兔子無法直接利用植物中的維他命，必須由盲腸合成後，在夜間排出後再吃回肚中，這種現象又叫做『假反芻』，有別於牛吃回胃中吐出來的草料之稱的『反芻』，有趣吧！」

「好髒喔！我以後不敢再和兔子玩親親的遊戲了。」身邊的小女生，一臉窘態的掩面尖叫，惹來一陣不小的笑鬧聲。

　　「叔叔，兔子是不是只有兩顆大門牙？」近桌的小男生露出缺了門牙的大嘴笑著發問。

　　「喔！你大概是兔寶寶的卡通片看多了。兔子真正的牙齒一共有二十八顆，除了上門牙四顆，下門牙兩顆外，其餘還有二十二顆臼齒。門牙負責切斷食物，臼齒用來研磨食物，都很重要。因為兔子不會天天清潔牙齒，時間一久也會蛀牙，甚至導致顏面膿腫，所以平時還需要準備粗纖維的牧草，讓兔子自己咀嚼清除牙垢。」這是一般人經常忽略的重要問題，也因此導致兔子牙痛拒食而活活的餓死。

　　「兔子要如何分辨出公母呢？」慌亂中，有位戴眼鏡的小男孩大聲發問，場面立刻回復平靜。

　　「在兔子滿三個月前，公兔陰囊尚未掉出，想辨別公母，得要有點技巧。先用一隻手捉住兔子頸背皮膚，另一隻手拉起牠的小尾巴，稍微下壓生殖器，在肛門下方呈現小圓點的是公兔，若為一長形裂縫的則是母兔。」隨即捉出小兔子示範給四周的小朋友來判斷。「哇！原來是隻公兔嘛！」觀察過的孩子們都興奮地說出小兔子的性

別。突然由腋下伸出一隻小手，粗魯的拉起白兔的耳朵，立刻被我制止，進而教他正確的提放兔子的方法。

「不論是成兔或幼兔，都不能直接捉兔子的耳朵，這會造成永久性的傷害。必須用一手捉緊頸背皮膚，另一手托起臀部；兔頭要朝前，不可以像抱狗或貓咪般的抱在懷裡，以防止當兔子受到驚嚇時，被牠尖銳的趾甲抓傷，也可以避免跳落地面摔傷。」說明之後，我讓其中一位小女孩操作一次，最後才將兔子放回籠內。

「叔叔，兔子能不能洗澡呢？為什麼上次我幫家裡的兔子洗澡，第二天就死掉了呢？」一位瘦小的男生，迷惑著想知道到底是不是他的錯。

「兔子屬於野生動物，對於外界的刺激，敏感性非常高，沖水洗澡和烘乾過程，無形中都是使其緊張的外來因素，會導致緊迫而內分泌不協調，甚至突然休克死亡。況且兔子耳朵大，很怕吹風機的馬達聲，萬一逃跑而未能吹乾，必會感冒生病。其實兔子潔毛的功夫一流，平時身上不會有體臭味，所以並不需要幫兔子洗澡。」

「可是好臭喔！」站在桌旁的小胖子，誇張的用手捏住鼻孔，做出快要窒息的逗趣模樣，又引來一陣笑聲。

「其實兔子的毛是蠻乾淨的，臭味真正的來源是尿臭味。如果平時偷懶，不想勤換籠下便盤，可以在盤上裝些五到十公分厚的濕泥，養一些紅蚯蚓，就能轉換糞尿為腐植土，成為種植盆栽最好的肥料，可說是一舉兩得呢！」

「叔叔，兔子要養多久才能生兔寶寶？」

「如果順利配對成功，四到六個月大的兔子，就能懷孕生子。以這隻紅眼白毛的紐西蘭兔為例，成兔體重為四到五公斤，身長也有四十到五十公分長。母兔懷孕期約三十天，因此又有『月兔』之稱。如果每次皆能交配育成，平均一年可產下四胎，一胎以六隻計算，將會有二十四隻兔寶寶，實在是多產的動物。」

就在大家你一言我一語的談笑聲中，時間快速的流逝，不知不覺中響起上課鈴聲。但願今天這一番交流，能夠適時的糾正小朋友對飼養小白兔的錯誤觀念，並且養成珍惜小生命的基本態度，就算我上班遲到，也是值得！

27
兔子不要常抱

　　有些小朋友喜歡以抱小狗的方式抱小白兔，那是不正確的，稍有不慎，人兔皆會受傷。

　　兔子很容易受驚嚇，又由於後腿肌肉發達，四肢腳爪尖又長，在掙脫過程中，極易抓傷人的臉部、頸部和手臂，有時還會糞尿失禁。萬一就此鬆手，著地點不正確，又會導致骨折、斷牙或腦震盪。

　　如果實在需要抱出籠子，要注意用一手捏緊兔子頸背皮膚，一手平拖住臀部（可以先將尾巴倒蓋住肛門，避免弄髒手掌）。同時在放回原位前，切記雙手不能放開。

28
人畜共通傳染病

「諶醫生，我女兒臉上的皮膚病，是不是被這隻兔子傳染的？」黃太太將手中的兔籃遞給我，請我鑑定一下。

我掀開蓋子一看，裡面蹲臥著一隻胖嘟嘟的小白兔。牠左邊的耳朵上，有一個和小女孩臉頰上一模一樣的泛紅小圈圈；中央還覆蓋著一層白色皮屑，看來感染已有好一陣子了！

「這是哺乳動物間互相傳染的髮癬菌，俗稱金錢癬，經由接觸傳染。除了兔子外，狗、貓身上也經常發現，人類只要觸摸過患部而忘記清洗，就有可能被傳染。」

「對嘛！我就知道是被兔子傳染的，老叫她不要常抱兔子玩，她就是不聽。」我看小女孩一副委屈的可憐模樣，立刻打圓場：「喜歡兔子本來就是孩子的天性，偶而抱抱無妨，只是要記得觸摸後用肥皂洗手。當發現兔子皮膚上有不正常的脫毛現象時，一定要盡早送醫檢查和治療。」

現在我並不擔心治療的問題，而是憂慮這家人是否會因此棄養寵物。還好這位黃太太當面保證，讓我安心不少。診療完後，我再三叮嚀著：不管飼養何種小動物，撫摸過後一定要記得用肥皂洗手！

29
幫小兔子結紮

指南國小的洪巧女老師雖已屆退休年齡，為了不讓教育生涯留下遺憾，多年前開始熱中於田園教學，帶領學生們走出校園，藉由學生們和動植物之間的互動關係，教導他們以圖文並茂的日記方式，忠實的記錄所觀察到的自然生態，然後再編輯成冊，作為和學生們一起成長最真實的見證。其中小朋友們天真無邪的童言童語，讓人讀來倍感親切與欣慰，其赤子之心，充分表露無疑。

這回她特別商請我幫忙，解決她班上兔子的繁殖問題。目前在小二的班上養了四隻兔子，其中有三公一母，公兔經常會騷擾母兔，小朋友一來心疼母兔會受到傷害，二來擔心教室不久就要成為兔寶寶的天下，只好狠下心來把母兔隔離起來飼養，但是又看到母兔鬱鬱寡歡的獨自窩在籠子裡好可憐，於是請老師幫母兔想一個兩全其美的辦法。

「湛醫師，能不能幫母兔結紮？」電話彼端傳來洪老師詢問的聲音。

「母兔結紮必須開腸剖肚的摘除卵巢和子宮，困難度遠比公兔去勢高出許多，而且手術時間較長，危險性相對提高。更何況護理起來很不

方便，傷口也比較容易遭到污染發炎，因此建議將公兔去勢，可以一勞永逸。」我仔細解釋公母兔手術上的差異，希望能以簡便又安全的方法來解決小朋友們的問題。

「好，那就幫三隻公兔結紮好了。」停頓了一下，洪老師接著問道：「還有一件事，不知道諶醫師能不能答應？」

「沒關係，你說說看。」

「是這樣的，這三隻公兔是學生們看著牠們長大的，雖然手術勢在必行，但是學生們心疼不安的心情可想而知，能不能全班一起來陪著牠們動手術？」洪老師不好意思的提出這個要求。

既然要幫忙就幫到底，總不能不通人情的讓小朋友失望。於是我說：「可以是可以，但是小朋友的秩序和安全希望能同時注意。」

「這點請諶醫師放心，屆時會有學生家長陪同，我們也有多次戶外教學的經驗，不會出問題的。」於是我們就選在星期二的早上，操刀幫公兔去勢。

星期一下午，洪老師又來電，問我能不能將整個手術過程拍照攝影，當作往後教學用的教材，另外還有一個四年級的班級，也想利用這個

難得的機會，觀察兔子動手術的過程：兩個班級的學生不到四十位，希望可以安排輪流觀察。有如此為教育用心的老師，我當然也樂觀其成。

星期二的上午，我事先準備了三大盤糖果和果凍放在櫃台上，多次經驗告訴我，有糖為伴，小朋友定會安靜許多。不然四十多個人擠在一個十坪左右大的診療室，每人只要說一句話，天花板就要掀掉了。

九點半一到，洪老師準時帶著一大群小朋友和四五位家長出現在醫院門口，為了應付教學的需要，可不能漏氣，因此我事先做了一點功課。在洪老師向學生們做完簡單的介紹後，接著我便講解公兔生殖生理的基本知識以及睪丸的基本構造，隨後就著手準備手術的細部工作。

「醫生叔叔，『左撇』打麻醉會不會痛呢？」「『右撇』比較乖，先做『右撇』好嗎？」「不要啦！『紅串』長的最壯，應該先幫牠手術才對！……」原來三隻公兔都有自己的名字，也都有負責照顧牠們的小主人，大家你一言我一語的，都希望自己飼養的兔子能夠接受最妥善的醫療照顧。

「不必擔心，大家保持安靜，諶醫師經驗豐富，不會有問題。等一下先從『左撇』開始，其次是『右撇』，最後才輪到『紅串』。」洪老師一聲令下，小朋友們立刻鴉雀無聲地將兔子放回籠內，讓我能夠集中精神準備下一步操作事宜。

打完麻醉藥，『左撇』軟綿綿的側躺在手術檯上，大家的眼睛全都注視著牠，擔心之情溢於言表。

「這是睪丸，用來製造精子和雄性荷爾蒙；這是副睪，精子在這裡成熟；這條白色的是輸精管，紅色的是血管……」我就這樣一邊手術一邊解釋自陰囊取下的組織構造，很快的三隻公兔已手術完畢。

「想不想看一下兔子精蟲活動的情形？」我想再次製造觀察教學的高潮，徵求大家的意見。

「好！好！」「哇！太棒了！」「真是大開眼界！」「精蟲長的什麼模樣？」……

我將副睪內的精液塗抹在玻片上，放進三眼電視顯微鏡下調整焦距。

「哇！好多蝌蚪喔！」「好神奇啊！」「難怪『紅串』的精力這麼旺盛！」馬上傳來小朋友一陣陣的驚嘆聲。

沒多久，三隻兔子陸續甦醒，紛紛抬起頭來看著籠外四周的小朋友，麻醉的危險已順利度過，大家都十分興奮。配好口服藥之後，也到了該說再見的時候了。

　　這時，洪老師突如其來的頒給我一張熱心教育的感謝狀，感謝我的現場指導，讓我受寵若驚，實在只是舉手之勞而已⋯⋯

　　送走了師生們，不禁令我感慨萬千。如果今日的杏壇能多幾位像洪老師這麼熱心教育的老師，將是莘莘學子們莫大的福氣，也是穩定社會詳和之氣的最大力量，更是未來國家培育人才的無限希望。謹以此文，獻給那些默默的在教育界犧牲奉獻的老師們。

30
母畜生產不宜常探視

飼養寵物，偶爾會遇到神經質的母畜，在生產哺育過程中，由於主人三番兩次的關心探視，甚至將剛出生的寵物寶寶抱出產房撫摸，因而失去理性，活活把仔畜咬死、踏死或吞食等不幸事件發生。

以狗來說，若平時就有神經質的傾向，一旦生產或哺育時，攻擊性就會更強，千萬不可任意把玩仔犬。一般都要等到半個月，仔犬張開眼後，母狗才會比較放心的讓主人撫摸牠們。

此外，囓齒類動物和貓科寵物生產時最忌諱受到驚嚇，甚至連草食動物的兔子，也得另闢暗房，防止任何干擾。由於母畜會將仔畜排泄物舔食乾淨，所以不必急著清理嬰兒房。

為了增加仔畜的存活率，產房必須預先做好保溫和防護措施，避免寒害和掠食者的偷襲。最好能採用籠飼，選擇遮風避雨的隱密處，直到仔畜斷奶再出籠。

如果是自由放養，大多具有天賦母性本能，寵物會自行尋找育嬰室。所以，等到接近臨盆前，寵物如果突然失蹤，不必太驚訝，牠可能躲藏在附近的安樂窩中，正安心的哺育著寶寶呢！

31
小豬吃泥土

每回帶妻兒回屏東鄉下，兒子最喜歡逗黑仔豬玩。

「小豬怎麼在吃泥土？」兒子奇怪的問。「幼齡階段的小豬，需要大量的鐵質供應，否則會因貧血而影響正常發育。母豬乳汁含鐵質不足，所以小豬要吃泥土，吸取土壤中的鐵質來幫忙造血。」

「豬是不是很笨？爲什麼常聽到有人罵『笨豬』呢？」看著欄內側臥著喘氣的大母豬，兒子又問。

我思索片刻，語重心長的說：「由於豬不擇食，有什麼就吃什麼，並且大都關在狹窄汙穢的欄舍，運動遲緩且笨重，所以人們習慣用『笨豬』來比喻一個人做事不用大腦思考，好吃懶做。其實豬是很聰明的動物，不但嗅覺異常靈敏，也很愛乾淨。」

兒子用懷疑的眼光看著我。

其實，豬只要吃一次虧，絕不會再犯第二次。平時的排泄地點，一定是在距離食物槽最遠的地方，而且都會定點排放。若是環境許可，一定會讓自己保持得乾乾淨淨的。

32

小雞需要溫暖

　　假日晚上到朋友家作客，朋友的女兒拎來一只鳥籠求救，裡面有兩隻閉眼縮頸、羽毛逆張的黃毛雛雞。

　　我捉起其中一隻，翻開腹尾部的雛毛，看見一大團白色濕黃狀物，沾黏在肛門口。再察看籠內環境，見粉狀飼料已受潮結塊變質；飲水糟內也有糞便污染；底盤上的報紙，沾滿了稀泥便。我告訴朋友的女兒：「看來已經沒得救了，這都是因為飼養管理失當。」我告訴她：「像這種路邊販賣的雛雞，都是由人工孵化，經過二十一日破殼而出，就拿來出售，若沒有妥善的照顧，死亡率非常高。」

　　「禽類體溫高達攝氏四十二度，所以點燈保溫是不可或缺的要求。籠子絕不可以放在受風面，但必須隨時保持籠內的通風乾燥和乾淨舒適。飼料和飲水一經污染，必須勤換。不幸有病死雞隻的籠子，若未經徹底消毒，不可重新飼養。」

　　「保溫要達到幾度才最適合呢？」朋友追
問。

　　「第一周，在離地面五公分的地方，需要攝
氏三十六度左右，以後每周遞減攝氏一至二度即
可。」「還有什麼要注意的嗎？」朋友又問。
「還得避免野貓、老鼠的偷襲。有太陽時，要記
得帶出去曬太陽，攝取足夠的維他命D，促進骨
骼的發育。」

　　小雞很可愛，但別忘了給牠愛心以及一個
溫暖的環境。

33
脫水的黃金鼠

　　小女孩提來一個裝有黃金鼠的小箱子。「買來才養一星期，原本都好好的，今天見牠不停的跌撞，站不穩，也不吃飼料，好像快死掉了。怎麼辦？」小女孩焦急地問。

　　我看那奄奄一息的黃金鼠，眼神呆滯無神，眼窩凹陷、臉頰削瘦，顯示極度脫水的狀態。痙攣的四肢和全身逆張的短毛，正如低血糖的臨床症狀。

　　「妳有沒有餵牠喝水？」我問。「寵物店老闆要我餵牠水果和飼料就好了，並且再三強調不用喝水。難道錯了嗎？」女孩回答。

　　「除非進食大量水果，否則一旦體內缺乏必須的水分，勢必造成電解質紊亂，無法進行正常的生理運作。由於虛脫無法正常進食，更加深低血糖失溫抽搐的危險。」

　　「我有餵牠吃蘋果，但是牠不吃啊！」「不進食，有可能是牙痛或生病，但是一定還能喝水。沒有動物有水不喝而甘願渴死自己的。」

　　就算是一般的草食動物，適量的飲水也絕對不可或缺。尤其只餵食毫無水分的飼料時，更得勤換乾淨的飲水。

34
水中的烏龜可能窒息

　　上午送孩子上學，看見同學圍在書桌前，正在觀看一隻剛孵化不久的小巴西龜。

　　帶烏龜來的小朋友問：「叔叔，烏龜要怎麼養？在家已經死了一隻，這隻看來也快不行了。」我看著毫無生氣的烏龜，用手輕壓一下龜殼後，問道：「這隻烏龜是不是都養在水箱裡泡著，沒有攀爬物？」「對呀！叔叔，你怎麼知道？」

　　「小烏龜出生一段日子後，殼才會慢慢變硬。在這段軟殼期間內，若是長期泡在水裡，殼愈泡愈軟，會壓迫體內的臟器而無法進食和呼吸，就會活活窒息而死。除了水箱內要放置高於水面的攀爬物之外，有空還要多帶牠出去曬太陽。」

　　「叔叔，烏龜會不會像寄居蟹一樣換殼？」一個小女孩問。

　　「烏龜殼是由內外兩層殼，彼此交互嵌砌而

成，共有三十八片，所以能夠承受很重的壓力，也不至於被壓扁。但是小烏龜的殼還沒變硬，若是用力壓牠，會把內臟壓碎，因此千萬不可以重壓。烏龜外層殼是褐色，不會成長；內層殼是白色，會隨著年齡逐漸向外長大。所以烏龜必須一片片把外層殼脫去，而不會整個殼一次換掉。了解嗎？」小女孩看著我點點頭，似乎很滿意剛才的答覆。

「叔叔，烏龜吃什麼長大呢？」又一個小男生大聲問著。「要看烏龜的種類而定。像這種巴西龜，是肉食性，平時餵魚飼料就可以了。如果和其他魚類放在一起，則會把魚也吃掉。尤其巴西龜習慣夜間覓食，而魚類多半是晚上睡覺，所以一夜下來會損失慘重。」

「原來如此，難怪我家魚缸裡的金魚，尾巴總是破破爛爛的好難看。」烏龜也有草食性的，只是較少見，若要養，可先搞清楚牠的品種才行！

35
養蝌蚪很不容易

　　假日在公園池塘邊，看見幾位小朋友一手拿著紙杯，一手撐著地面，捲起衣袖和褲管，正賣力地撈著逗留在池塘邊的小蝌蚪。

　　「你們抓這麼多蝌蚪要養嗎？」我拿起瓶子端詳一下，問著旁邊的小朋友。「對啊！我要把牠們養到變成小青蛙。」小朋友興奮的回答。

　　「如果不是變成青蛙而是隻癩蝦蟆，怎麼辦？」「不會吧？」小朋友驚訝的回答。我笑著說：「青蛙的蝌蚪是青灰色，癩蝦蟆的蝌蚪是黑綠色。你看看瓶內的蝌蚪是什麼顏色，就知道將來會變成什麼了。」結果小朋友明知自己抓到的是癩蝦蟆的蝌蚪，卻又捨不得倒回池塘。

　　為了讓他們了解飼養蝌蚪和蛙類非常不容易，於是我又接著說：「養蝌蚪一定要有充足的浮游生物來供牠們食用，才不至於餓死。在先長出後腳的同時，還要準備可以攀爬的假山，供蛻變的蛙類憩息，並且要捕捉大量的活昆蟲來餵養，你們有辦法做到嗎？」

小朋友低頭不語，陸續把瓶內的蝌蚪都倒回池塘裡。

　　孩子對於戶外野地池裡的小生物，都存有非常大的好奇心和佔有慾。一旦有機會捕捉到，最先想到的就是帶回家飼養。但這些生活在大自然中的小生物，必須由自然界提供生長所需的相關食物，並非人類想像所能及。所以經常興致勃勃的帶回來飼養的小生物，不消數日，就因水土不服或過度飢餓而不幸夭折。

　　我們在教導孩子正確的保育觀念時，不要因此疏忽孩子的好奇心和觀察力，可以在捕捉觀察後，當場放生重回大自然的懷抱，並且教育孩子尊重生命，珍惜大自然中的一草一木。

36
鴨子頗通人性

去年孩子學校校慶，校門口有賣小動物的流動攤販；在孩子要求下，我買了兩隻小黃鴨回家飼養。

一回到家，孩子馬上在浴缸裡接水，準備讓小鴨子在水面上游泳。我立刻阻止，因為小鴨尚未達到下水日齡，下水會淹死的。

「為什麼卡通裡面，小鴨一孵出來就在池塘裡游來游去？」孩子不解的問道。

「好，那我們來做個小試驗。」我小心地把小鴨放進水裡。剛開始，牠們還神氣活現的用腳在水面下交互划行，但漸漸的身體就逐漸往下沈，水蓋過了翅膀，緊接著由喉嚨發出一連串急促的「嘎！嘎！嘎！」的求救聲。「趕快把牠們抓出來，快要淹死了。」孩子急得大叫。

在把鴨子撈起來擦乾吹風的同時，我對孩子說：「小鴨因為羽毛還沒有長豐滿，油脂未能覆蓋全身，所以在水中會沈下去，不適合游泳。大概長到兩星期以後，就沒問題了。」

鴨子嗜喝水，每吃一口飼料，就迫不及待跑去喝一口水，而且食量奇大無比。我還準備了一個裝有小碎石的飼料槽，因為禽類沒有牙齒，無法咀嚼食物，所以需要吃些小碎石，將食物在肌肉發達的胃內研磨，好幫助消化吸收。

　　這兩隻鴨子，和人類相處久了，似乎頗通人性。清早見到我，就會「嘎！嘎！嘎！」的爭相道早安。孩子放學回家，第一件事就是跑去看牠們，順便餵些菜葉和飼料。

　　「鴨子生蛋了！」一大清早，我仍在熟睡中，就被孩子興奮的叫聲吵醒。「我們讓牠孵出小鴨來，好不好？」孩子手拿著尚有餘溫的鴨蛋，懇求地對我說。

　　我點點頭表示答應，從那天起，每天早起撿蛋，便成為他一天中最得意、最有成就感的一件事。

37

養魚哲學第一章：
健康魚才入缸

　　想要飼養一缸神氣活現的觀賞魚，除了配備要齊全，最重要的，就是要會選購健康無帶菌的魚種。選魚種是一門學問，如果不幸買到一尾病魚，不但無法享受觀魚的樂趣，一經傳染開來，整缸魚也會因此全軍覆滅。

　　各種觀賞魚的售價，都有一定的行情，各水族館間大同小異，然而並非每條魚皆健康無恙，所以在花錢選購時，勢必得多花點心思去挑選，才不致於平白浪費許多冤枉錢。

　　一般水族館大都是整批進魚。新進的魚兒，由於運輸時的緊迫震盪，外加新環境的不適應，體質較弱的病魚，通常會在一兩天內夭折。所以在買魚時，不妨先請教老闆進魚的時間，同時也可以自行觀察。一般來說，新進的魚兒對四周環境陌生且驚嚇過度，常會群聚在箱底角落，不會優游於箱內水草間。

至於如何挑選健康的魚種？以下幾點可供
參考：

　　1.魚缸內不能有死魚。死魚多爲病魚，若
死亡多時，魚體腐爛發臭，容易孳生病菌。縱
使其他魚在外觀上看來還算健康，也大都已染
病在身，必須放棄。

　　2.魚體鱗片要完好無缺，外表不能有異物
附著。若有鱗片掉落的情形，表示曾經受過
傷，尚未痊癒。若沾附白斑點或寄生蟲，魚體
一定虛弱，不宜選購。

　　3.游速和反應皆遲鈍，見人不閃躲，且仰
角大於三十度緩游，甚至屢遭同類攻擊，表示
已罹患重病，生命垂危，傳染性強。

　　4.每個魚箱內皆加有藍色藥水，表示此水
族館內，目前正是疫區，前不久曾染上傳染
病，爲了減少損失，正在實施藥浴階段，千萬
得止步採購。

　　如果常稱斤兩買些小錦鯉來餵食家中的大
魚，購買時，更須注意其中的死魚和病魚。倘
若水槽內死魚甚多，最好不要聽信老闆的解
釋，換家水族館以策安全。

38
魚不必天天餵

假日晚上，邀朋友全家到家裡小聚。兩個孩子一進門，看到我的漂亮魚缸，爭相餵食魚飼料。

「你的魚缸保養得真好。」朋友略帶感歎的語氣說：「我以前也曾心血來潮買了整組養魚設備，和各式各樣的魚；可惜，最後死的死、送人的送人，現在只留下一個空水族箱。」

「其實養魚並不困難。」我說，「買魚時要注意魚體鱗片完整，此外，若色澤鮮豔、活力充沛，就是健康的魚。」

「我也是這麼選的呀！可是為什麼養沒幾天，魚鰭總是殘缺不全？」我笑著問：「你大概是大小魚種混養，或者是游速快和游速慢的魚種混養吧！」

「你怎麼知道！」朋友吃驚的回答。「魚類也是動物界中的一環，有弱肉強食、種族歧視的自然現象。所以選魚種類不得不慎。」

「對了，你的魚缸怎麼這麼乾淨？是不是常換水？」朋友問。「魚是冷血動物，不需要天天進食，自然排泄物少，水質就不會被污染，大概一個月換一次水就夠了。」朋友很感慨的說：「原來如此，我從前天天餵食，難怪不到一星期就要換水。」

「那麼，要多久餵食一次呢？」

「夏天三天一次，冬天一星期一次。」「那魚豈不是餓死？」「你看我養的魚如何？」朋友點點頭說：「原來養魚也有那麼多學問。」

經過我的解說，以及孩子的再三央求，朋友終於同意再度養魚，孩子聽了高興得又叫又跳。這一次，祝他成功。

39
養金魚加點鹽

　　金魚游速緩慢，眼珠子極易遭其他魚類甚至同類所噬食，此乃水中缺乏適量鹽分所致。

　　可以在每次換水後，在兩尺半乘一尺魚缸內加入一茶匙食鹽，一方面可以用來殺菌，另一方面可以防止無眼金魚的發生。

40

放些田螺魚缸不易髒

　　魚缸使用一段時間之後，雖然有過濾的設備，玻璃內面仍舊容易附著一層黃褐色物質和青苔，換洗時極不易清除。

　　不妨在養魚的同時，放入幾隻專以此物為食的小田螺，便可省去平時換水清水槽的時間。

41
輕率的放養
反而傷了魚兒

　　爲了保護日漸枯竭的水質源生物，在水源區施行封溪、放養魚種的保育措施，確實值得大力推廣。然而美中不足的是放養的方式過於草率。我們有時從電視新聞中可以看到，放養者在距離水面至少三公尺的岸上，直接採用自由落體的傾倒方式，將魚群趕入河川中。

　　曾經有過游泳跳水經驗的人都知道，看似寧靜的水面，表面張力其實有如堅硬地面般強韌，若是落水姿勢不正確，常會震傷內臟。魚兒原本就很脆弱，經過長途運輸，早已昏頭轉向，根本無法承受如此高度下的撞擊。

　　魚兒的放養，至少應注意以下三點：

　　1.淨化水質後才放養。若河川中佈滿有毒物質而未能設法清除，就算放養再多的魚兒，也只會形成二次公害。

　　2.運輸槽內的水溫，最好能和河川中的水溫一致，避免瞬間溫差，增加魚體的緊迫，降低存活率。

　　3.放養落水地點，儘量不要有高度落差，由水槽中直接游進河川中爲佳，減少垂直碰撞所造成的不必要傷害。

115

42
養螃蟹水質要清澈

黃昏時分的海水浴場內，一些小朋友拿著塑膠小鏟子，挖掘藏在沙坑內的小螃蟹，有些則在淺灘中，尋找寄居蟹。

我望著水桶內已經雙螯開戰的小螃蟹，憂心的對這些小朋友說：「螃蟹是肉食性生物，常會弱肉強食，尤其具有外骨骼，必須換殼成長。殼還沒變硬時，很容易遭受攻擊。若飼養在一起，沒有藏匿的設施，不消數日，便會全軍覆沒。」

「那該怎麼辦呢？」「建議你們放回大海中，要不就養一對即可。」

我告訴他們，腹蓋呈尖錐狀的是雄蟹，鈍圓錐狀的是雌蟹。養螃蟹的水槽，要有打氣的設備，水質要清澈，還要放些小水管或假屋類飾品，供牠脫殼時躲藏用。

可以用100C.C.自來水加3.3公克的粗鹽配成鹹水，只要水質混濁，就得立刻換新。每天還得餵食一兩尾的生鮮蝦仁。

麻煩的養法讓孩子們卻步，我趁機建議他們觀察後放生。見小螃蟹迅速沒入滾滾浪濤，心中暗自感到欣慰。

43
寄居蟹要有備用殼

在麟山鼻海岸，無意中發現一群寄居蟹，孩子興奮莫名想帶回家養。

飼養寄居蟹須具備六個條件：沙地、岩石、海藻、海水、陽光和備用殼。養殖箱須放在有陽光的位置，鋪上五至十公分厚的海沙，倒入五公分深的海水，再放些空貝殼、突出水面的岩石和當地的海藻。

不必使用打氣馬達和濾水設備，餵食魚飼料或米飯、麵包屑皆可。一旦水面起泡或水質混濁，立即得換新鮮海水。

海藻主要是吸收寄居蟹的排泄物，岩石則是用來攀附，防止寄生菌種和增加換氣量，但是不能離水太久，殼內水分一乾，就會窒息而死。

至於新殼則必須側放或仰放，因為寄居蟹換殼時，會先用兩肢前螯測量入口直徑後，才會安心的遷入新居！

44
不必幫鳥兒洗澡

有一天，朋友的女兒幫家中白文鳥洗澡，結果忘記吹乾而凍死，小女孩傷心難過自責了好一段時間。朋友想再幫她買一隻來配對，特地前來請教我。

「鳥不能只買一隻，要買就得買一對。因為鳥類都有自己的勢力區域，縱使是異性，只要不是在繁殖期，老鳥一定會欺侮菜鳥。」「難道沒有折衷的辦法嗎？」朋友緊縮著眉頭問道。「有的，可以將原有的環境改變，比如換個新籠子就可以了。」朋友高興的向我道謝離去。

過沒幾天，又見朋友憂心忡忡地提著鳥籠來找我。看著籠內一對白文鳥，緊縮著脖子，雙眼微閉，全身羽毛逆張，一副病懨懨的神情，心想大事不妙。

「你是否都養在陽台上？」我第一句話就問他。「是呀！不然要養在哪裡？」朋友反問。「陽台會常有麻雀來啄食籠邊掉落的飼料，」我告訴他，「由於麻雀是野生的鳥類，體內常帶有病菌，會經由飛沫傳染給你的白文鳥。」我把可能得病的原因告訴他。

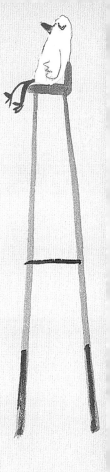

小文鳥打完針，放進氧氣保溫箱內後，還需要觀察一段時間。我告訴他：「鳥類體溫比人類高出許多，最怕失溫。一旦染病未進食，血糖很快會降低，體溫隨即下降，若不立即保溫和供應糖水，不要兩天就會一命嗚呼。」

　　友人再問：「平常要如何飼養比較妥當？」「白文鳥不像鴿子或雞鴨，沒有定期施行的疫苗抗病，所以最好能養在室內通風處。每星期不要忘了餵一至兩次乾淨的青菜葉，補充維他命。因為飼料中缺乏足夠的鈣質，一個月至少餵食一次生蛋殼即可。」

　　由於友人上次的經驗，特別問我幫鳥洗澡的方法。我笑著說：「只要準備一碟不超過腳高度的乾淨水，和籠子一起放在太陽下，鳥類自己會洗澡潔毛，等羽毛乾後再拿進屋內。」「唉！早知如此，也不會損失一隻白文鳥。」友人十分懊惱地回答。

45
野鳥要吃葷

　　有位小朋友撿到一隻羽毛未豐的小黑鳥，興奮的帶回家中，定時餵食小米和清水，不到一星期，小鳥無法站立，於是帶來醫治。

　　我見小鳥精神尚佳，肛門細毛未沾糞便，鼻孔周圍無分泌物，用手指靠近時，就仰頭張著大嘴吃食，判斷是因營養障礙引起的弱腳症。

　　一般來說，野生鳥類以昆蟲和青蟲（蠕蟲）為主食，若改餵去殼小米，容易造成維他命缺乏症候群，呈現羽毛倒立、佝僂、頭部痙攣、腳趾曲扭麻痺、無法站立等症狀。

　　一般鳥店都會賣麵包蟲，可替代青蟲。若以飼料為主，一定得去獸藥店購買鳥類綜合維他命，加在飼料或飲水裡。

　　我們常會發現野外草地上有半飛半跳的幼鳥，這是因為母鳥都優先餵食巢中嘴張得最大、乞食聲最大的幼鳥，擠出巢外或自行飛出墜地的就視為獨立，任其自生自滅。

　　如要養野生鳥類，就要提供足夠的營養。至於家中餵養的小鳥，早已喪失野外求生的本能，千萬別放生，免得反而害了牠。

46
幫小鳥剪指甲

籠飼小鳥缺乏足夠磨爪的樹幹，日積月累，趾甲會向內彎曲呈圓弧狀，不但抓握極為不便，稍有不慎的話，還會鉤住籠子，扯斷腿骨。

有些人喜歡選擇稻草製成的鳥巢，見小鳥整天蹲臥在巢中不出來覓食，還以為在下蛋，其實可能是趾甲被細繩子絆住動彈不得。若未能及早發現，不出三日，便會損失一條小生命。

幫小鳥剪趾甲，可以用人的指甲剪操作。如果是小型鳥，可以一手輕握鳥身露出雙腳，另一手持剪剪除。

如果是超過手掌面積的大型鳥，則需要一人以雙手抱住鳥身，防止因緊張振翼啄人的意外，另一人則以斜口鉗逐次前去彎爪。

47
養鴿注意清潔通風

朋友為了孩子，買回一對白色羽毛的孔雀鴿，問我如何飼養。

一般人飼養孔雀鴿，純粹是觀賞而非比賽，所以籠舍不須太過講究。若只養兩隻鴿子，兩尺左右的狗籠或雞籠即可，但須架在陽台能遮陽蔽雨的位置，晚上罩上塑膠布，防寒風。

飲水和飼料槽不可或缺。繁殖期還必須添購生蛋用的石膏製鴿碗，以及含牡蠣末、礦物質和鹽分的紅土。

至於繁殖過程，雌鴿一次生兩個蛋，十七日後幼鴿會破卵而出，由雌雄分別以嗉囊中的鴿乳育雛。每年二月下旬到十月中旬，大約能繁殖七次左右。

值得注意的是，鴿糞容易孳生黴菌性隱球菌，會造成人類肺炎和腦膜炎，得勤清鴿糞，保持乾燥。還有野貓和老鼠，常會利用夜間偷襲鴿舍，也要做好防範措施。寒流來襲，得加裝保溫燈以防寒害。成鴿避免近親交配，以防降低環境疾病的抵抗力。

48
你可以安心養蠶

關於養蠶，可以考慮以下兩種方法：一種是採用單性飼養法；另一種則是在化蛹成蛾時，將公母隔離，所產下的卵未受精，就無法孵化。

在一般動物界，雌雄在外觀形體上，都有明顯的差異，唯獨昆蟲類的幼蟲，其色澤大小，幾乎是複製品，難怪常教專家跌破眼鏡。

幸好蠶雖然百般皆相似，唯一一點差異，仍能鑑別公母性別。關鍵就在腹部尾腳前端，公的僅有一個黑點，母的則有兩個黑點，只要稍加注意，就不難用單性飼養。此外在化蛹成蛾方面，母體大而豐滿，公體小而瘦弱，是比較好的辨別方法。

其次在桑葉的供應上，由於桑椹果實經鳥類啄食，經常散落種子在山林間，比比皆是，只要兩星期一次的野外踏青戶外活動，就可以滿載而歸，問題也能迎刃而解。

49
公蟋蟀分開養

兒子同學的家裡養了一尾紅龍魚，所以經常到水族館買小蟋蟀飼養，以餵食紅龍。由於不懂得飼養方法，蟋蟀常死傷慘重。

「公蟋蟀不宜關在一起養。」我告訴他。

「但公母要如何分辨呢？」

「蟋蟀和蝗蟲、蟑螂一樣，幼蟲期沒有翅膀，不容易由外觀區分性別。經過數次脫殼成長至成蟲後，就容易看出公的翅膀上紋路扭曲呈波浪狀，母的則為平行規則的紋路。成熟後的公蟋蟀有地域性，接近成熟期即需隔離飼養。」

至於飼養方法，可以用壓克力小魚缸鋪上約五公分厚乾淨微濕的泥土，植幾株小雜草，放些破碗類掩蔽物，再放進一公三母的蟋蟀。每天用牙籤叉一片小黃瓜在泥土上，或用小碟子放一尾小魚干，蟋蟀會主動採食。

「要多久才會生小蟋蟀呢？」小朋友好奇的問。

「蟋蟀是一年生的昆蟲。春天由土壤中破卵而出，夏天成熟，公的鳴叫找配偶，秋天在土壤中死亡。受精卵在土壤中度過寒冷的冬天，若四周環境一切順利，春天又可再見到一大群新生的小蟋蟀。」

國家圖書館出版品預行編目資料

寵物原來如此／謀家強著；李瑾倫繪圖.－－
初版. －－臺北市：大塊文化 ,2003【民92】
面； 公分.－－(smile；55)

ISBN 986-7600-09-6 (平裝)

1. 動物－飼養

437.11　　　　　　　　92014374

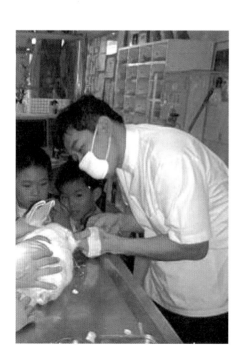